BEI GRIN MACHT SICH IHR WISSEN BEZAHLT

- Wir veröffentlichen Ihre Hausarbeit, Bachelor- und Masterarbeit

- Ihr eigenes eBook und Buch - weltweit in allen wichtigen Shops

- Verdienen Sie an jedem Verkauf

Jetzt bei www.GRIN.com hochladen und kostenlos publizieren

Caprice Mathar

Die Tragfähigkeit der Erde und das Problem der Ernährungssicherung

GRIN Verlag

Bibliografische Information der Deutschen Nationalbibliothek:

Die Deutsche Bibliothek verzeichnet diese Publikation in der Deutschen National-
bibliografie; detaillierte bibliografische Daten sind im Internet über http://dnb.d-
nb.de/ abrufbar.

Impressum:

Copyright © 2011 GRIN Verlag GmbH
Druck und Bindung: Books on Demand GmbH, Norderstedt Germany
ISBN: 978-3-656-58665-4

Dieses Buch bei GRIN:

http://www.grin.com/de/e-book/267675/die-tragfaehigkeit-der-erde-und-das-pro-
blem-der-ernaehrungssicherung

GRIN - Your knowledge has value

Der GRIN Verlag publiziert seit 1998 wissenschaftliche Arbeiten von Studenten, Hochschullehrern und anderen Akademikern als eBook und gedrucktes Buch. Die Verlagswebsite www.grin.com ist die ideale Plattform zur Veröffentlichung von Hausarbeiten, Abschlussarbeiten, wissenschaftlichen Aufsätzen, Dissertationen und Fachbüchern.

Besuchen Sie uns im Internet:

http://www.grin.com/

http://www.facebook.com/grincom

http://www.twitter.com/grin_com

RWTH Aachen

Geographisches Institut

Lehrstuhl für Kulturgeographie

Grundseminar Stadt- und Bevölkerungsgeographie

Sommersemester 2011

Hausarbeit

12.4.2011

Die Tragfähigkeit der Erde und das Problem der Ernährungssicherung

Caprice Mathar

Inhaltsverzeichnis

1 Einleitung 2

2 Die weltweite Ernährungsproblematik 2

2.1 Die aktuelle Situation der Welternährungslage 2

2.2 Der Zusammenhang zwischen Hunger und Armut 3

3 Die Tragfähigkeit der Erde 4

3.1 Probleme der Ernährungssicherung 4

3.2 Gründe des Welthungersproblems 4

3.3 Zusammenfassung und Entwicklung der Ernährungskrise 6

3.4 Auswirkungen auf den Menschen 7

4 Ernährungssicherung – überhaupt möglich? 7

4.1 Vorrausetzungen und neue Anforderungen zur Problemlösung 7

4.2 Die Frage der Nahrungs- und Ernährungshilfe 9

4.3 Die Grüne Revolution – Chance oder Sackgasse? 10

5 Zusammenfassung und Ausblick 13

Literaturverzeichnis 14

1 Einleitung

Gegenstand der Hausarbeit ist das Herausstellen der Rolle der Erde bezüglich ihrer Tragfähigkeit und das damit verbundene Problem der Ernährungssicherung. Die nachfolgende Arbeit soll einen Eindruck über die aktuelle weltweite Situation vermitteln und einen Überblick auf Problemstellungen, Auswirkungen und mögliche Lösungsansätze geben. Zu Beginn wird in Kapitel 2 eine Grundlage für das Verständnis der Situation geschaffen. Hierbei werden grundlegende Definitionen von Armut und Hunger gegeben, sowie Eckdaten zur Einschätzung der Situation. In Kapitel 3 wird der Begriff der Tragfähigkeit diskutiert, sowie Gründe für die Welternährungslage genannt und erklärt. Außerdem wird auf die gesundheitlichen Auswirkungen für den Menschen eingegangen. Danach werden in Kapitel 4 mögliche Lösungsansätze und die damit verknüpften Ansprüche an die Landwirtschaft erläutert. Im Focus steht hierbei die „Grüne Revolution" mit ihren Chancen und Restriktionen, mit besonderem Hinblick auf ihre Auswirkungen in Indien. Ihren Abschluss findet die Hausarbeit in Kapitel 5 mit der Zusammenfassung des gewonnenen Wissens und einem Ausblick für die Zukunft.

2 Die weltweite Ernährungsproblematik

2.1 Die aktuelle Situation der Welternährungslage

Weltweit gibt es laut der OECD 136 Entwicklungsländer, davon 51 in Afrika, 36 in Asien, 33 in Amerika, 9 in Ozeanien und 7 in Europa. Diese machen 83% aller Staaten der Erde und 78% der Weltbevölkerung aus, wobei den Entwicklungsländern ein stärkeres Wachstum zuzuordnen ist als Industrieländern (BML 1996:8). In diesen Ländern ist die Nahrungsversorgung besonders problematisch, da der überwiegende Teil der Bevölkerung in Entwicklungsländern mit weniger als 1,25 US $ pro Tag auskommen muss. Geschätzte ein Viertel aller Kinder der dritten Welt sind unterernährt (Weltbank 2010:xix). Die Gesamtzahl der Unterernährten lag 1992 bei etwa 800Millionen und etwa 600Millionen Menschen waren stark hungergefährdet (Bohle 1992:78). Bis 2009 war die Zahl auf 1,02Millarden, geschätzt von der UN, angestiegen (Meier 2010:34). Es ist davon auszugehen, dass sich die Situation weiter zuspitzen wird. Somit ist das Ziel der Vereinten Nationen, vereinbart in der Welternährungskonferenz 1974, dass weder ein Kind hungert oder eine Familie nicht ausreichend versorgt ist, nicht eingehalten worden. Im Gegenteil, die Zahl der Hungernden ist noch angestiegen (Bohle 1998:78). Dementsprechend ist die Sicherung der Welternährung „eine der grundlegendsten Sorgen der Menschheit" (Klohn/Voth 2010:100). Industrieländer haben ebenfalls Ernährungsprobleme in ihrer Gesellschaft, wenngleich diese einen anderen Ursprung haben. So stehen durchschnittlich in Industrieländern täglich 3400kcal zur Verfügung (Gravert et al.1996:3). Eine empfohlene Tagesdosis liegt bei ungefähr 2500kcal und 70g Eiweiß (Oltersdorf 1992:74). Dies führt zu gesundheitlichen Schäden auf Grund von Übernährung (Gravert et al. 1996:3). In der nachfolgenden Arbeit soll aber im überwiegenden Teil auf die Problematik der Unterernährung eingegangen werden.

2.2 Der Zusammenhang zwischen Hunger und Armut

Nuscheler spricht von dem Begriff der „absoluten Armut" (1998:18). Dies bedeutet, dass es an „Mitteln der elementaren Bedürfnisbefriedigung", wie Wasser, einer Wohnmöglichkeit, Kleidung und Nahrung mangelt. Es kommt zu Unter- und Fehlernährung, einer niedrigen Lebenserwartung, einer hohen Kindersterblichkeit und einem geringen Bildungsniveau. Daraus resultiert der Ausschluss aus dem gesellschaftlichen und politischen Leben, sodass es kaum Möglichkeiten gibt sein Leben selbst und eigenständig zu gestalten. Seit dem Sozialpakt 1966 wird Armut als eine Verletzung der Menschenrechte angesehen (BMZ 1995:10-11). Im Kontrast dazu steht die „neue Armut" in Industrieländern, häufig auch als relative Armut bezeichnet. Diese beinhaltet, dass eine Person trotz der Hilfe des staatlichen Sozialsystems oder einer privaten Wohlfahrtsorganisation in eine Notlage gerät. Generell ist der Begriff der Armut schwer zu definieren auf Grund verschiedener Wertigkeiten in einzelnen Kulturen. Allgemein ist Armut eine existenzielle Notlage, wobei nicht freiwillig auf Güter und Annehmlichkeiten verzichtet wird (Nuscheler 1998:18). Armut und Hunger stehen im engen Kontakt miteinander, da Menschen beispielsweise mit höchstens 1,25 US $ pro Tag kaum dazu in der Lage sind, sich ausreichend mit Grundnahrungsmitteln zu versorgen (Meier 2010:34).

Generell muss zwischen den Begriffen Mangel- und Unterernährung, sowie Hunger im Zusammenhang mit der Ernährungsproblematik unterschieden werden (Dando 1980:42). Hunger selbst wird definiert als ein Zustand bei dem „die tägliche Energiezufuhr für einen längeren Zeitraum unter dem Bedarfsminimum liegt, dass für einen gesunden Körper und ein aktives Leben benötigt wird" (Meier 2010:35). Es ist ebenso wichtig, dass nicht nur die Quantität gegeben ist. Ebenfalls muss die Qualität der Nahrung ansprechend sein, um physisch, mental und emotional gesund zu bleiben (Dando 1980:35-36). Bei fehlender Qualität handelt es sich um Mangelernährung, bei fehlender Quantität um Unterernährung (Dando 1980:42). Um die Ernährung also weltweit zu sichern, muss ebenfalls am Problem der Armut gearbeitet werden. Denn „Massenarmut tötet täglich mehr Menschen als Kriege" (Nuscheler 1998:10). Aus diesem Grund muss den Menschen Schutz vor „Armut und Verelendung" geboten werden (Bohle 1992:78).

3 Die Tragfähigkeit der Erde

3.1 Probleme der Ernährungssicherung

Die Diskussion um die Tragfähigkeit der Erde war bereits im 18.Jahrhundert aktuell. Malthus stellte sich bereits 1798 in seinem „Bevölkerungsgesetz" die Frage, wie viele Menschen die Erde tragen kann (Laux 2004:123). Nach Malthus These soll die Bevölkerungszahl exponentiell steigen, jedoch das Angebot an Nahrung nur linear, sodass es zur Öffnung der Schere zwischen Nahrungsmittelbedarf und -angebot kommt (Klohn/Voth 2010:100). Daraus resultieren nach seiner Auffassung Kriege, Hungersnöte, Epidemien und letztendlich ein globaler Zusammenbruch (Bohle 2001:18). Diesem Katastrophenszenario konnte aber durch Erneuerungen in der Landwirtschaft, wie beispielsweise Saatgut, entgegengewirkt werden (Klohn/Voth 2010:100). Nachfolger bis ins 21.Jahrhundert gibt es verschiedene, welche den Zusammenhang des Nahrungsspielraum und der globalen Tragfähigkeit diskutieren. Meadows stellte 1992 fest, dass die Grenzen des Wachstums trotz Warnungen seinerseits und anderen Wissenschaftlern überschritten sind. Er prognostiziert einen globalen Kollaps für die Mitte des 21.Jahrhunderts aufgrund der stetig wachsenden Bevölkerung und des immensen Ressourcenverbrauchs (Bohle 2001:18). Dasgupta veröffentlichte 2000 zwei Kriterien zur Bemessung der Tragfähigkeit. Hierbei spielen die Fragen nach der Nachhaltigkeit der Nahrungsmittelproduktion, sowie der Anteil der Bevölkerung, welche über einen Zugang zu den Grundnahrungsmitteln verfügen, eine zentrale Rolle (Bohle 2001:20). Die jeweiligen Ansätze stehen im Konflikt zueinander, da beispielsweise Meadows der Auffassung ist, dass eine nachhaltige Entwicklung nicht mehr möglich ist. Es kann sich lediglich für eine „Überleben sichernde Entwicklung" eingesetzt werden(Meadows 2000, in Bohle 2001:19).

Insgesamt gibt es verschiedene Berechnungen zur Tragfähigkeit mit jeweiligen unterschiedlichen Ergebnissen und Interpretationen. Malthus kam seinerseits nur auf eine Milliarde Menschen, hingegen Smil 1994 auf 10-11 Milliarden. Diese exemplarischen Zahlen veranschaulichen, dass es kaum eine sinnvolle „Gesamtberechnungen zur Ernährungskapazität" gibt. Vielmehr sollte die Tragfähigkeit vor dem Hintergrund der sozioökonomischen und technischen Situation eines Raumes betrachtet werden (Taubmann 1999:246). Allgemein gesprochen gibt die Tragfähigkeit eines Raumes also die Menschenmenge an, die langfristig gesehen in einem Raum leben kann unter Berücksichtigung von natürlichen, technischen, ökonomischen und gesellschaftlichen Bedingungen (Laux 2004:124).

3.2 Gründe des Welthungersproblems

Eine weltweite Nahrungsmittelversorgung für die gesamte Menschheit war zu keiner Zeit möglich, obwohl es rein rechnerisch Nahrungsmittel für alle auf der Welt gibt. Es gibt Grenzen, weil durch die ungleiche Verteilung Nahrungsmittel nicht für alle gleichmäßig zugänglich sind (Oltersdorf 1992:74). Dies ist nicht nur für Entwicklungsländer gültig. Zum Beispiel leben in den USA 30Millionen Menschen unterhalb der Armutslinie, wovon 4,2Millionen an Hunger leiden (Nuscheler 1998:38). Im Verhältnis sind häufiger Frauen und Kinder von einer mangelnden Nahrungsversorgung betroffen als Männer. Dies zeigt, dass die Problematik der Ungleichverteilung in allen Ebenen der Bevölkerungsstrukturen auftritt. Weiter dramatisiert wird die Lage durch das Verlangen des Menschen, dass ein großer Teil seiner Nahrung tierischer Herkunft sein muss. In Industrieländern liegt der Anteil bei einem Drittel der Nahrungsaufnahme (Oltersdorf 1992:74-75). Meist ist auch der ländliche Raum von Unterernährung betroffen. Etwa drei Viertel aller chronisch Hungernden leben in kleinbäuerlichen und marginalisierten Regionen oder sind Landlose, sowie Nomaden (Harmeling 2010:43).

In den überwiegenden Teilen der Welt ist der Ursprung der Ernährungsproblematik auch nicht die mangelnde Produktivität, sondern die politischen und sozialen Rahmenbedingungen sind meist ausschlaggebend für Ernährungsprobleme in einer Region (Taubmann 1999:249). Insgesamt kann das Versorgungsproblem durch eine Reihe von Gründen erklärt werden. Dabei wird zwischen vier Hauptgruppen unterschieden. Zum einen handelt es sich, um das immense Bevölkerungswachstum, wodurch der Druck auf natürliche Ressourcen wächst (Heidhues 2008:1). Denn seit etwa 1850 lässt sich weltweit ein beschleunigtes Wachstum feststellen, dies ist jedoch abhängig vom Entwicklungsstand eines Landes. So wird ab etwa 2030 in Industrieländern die Einwohnerzahl zurückgehen. Für Entwicklungsländer wird bis 2050 von einer Wachstumsrate von 1,2% ausgegangen. Also je höher entwickelt ein Land ist, umso geringer das jährliche Wachstum (Gans 2008:6). 1960 lag die Weltbevölkerung beispielsweise noch bei 2 Milliarden und stieg bis 1975 auf 4 Milliarden an. 1980 wurde der weitere Anstieg bis 2000 auf 6 Milliarden geschätzt (Dando 1980:96). Diese Zahl wurde jedoch stark unterschätzt. Denn bereits 1992 gab es 5,4 Milliarden Menschen auf der Welt (Oltersdorf 1992:74). Im Februar 2011 leben knapp 6,5Millarden Menschen auf der Erde (Bayer Crop Science 2010). Als weiterer Grund wird der Anstieg der Lebensmittelpreise gesehen, dies ist besonders für arme Haushalte entscheidend (Heidhues 2008:1), sodass es 2007 häufig zu Hungeraufständen weltweit kam wie in Mexiko, Indien, Mauretanien und dem Senegal (Gertel 2010:4). Des Weiteren zählen die Infrastruktur, das kulturelle und sozioökonomische Umfeld und wirtschaftliche, institutionelle und politische Rahmenbedingungen zu den Gründen, da diese einen erheblichen Einfluss auf die Zugänglichkeit zu Ressourcen und Märkten haben und die Beschäftigung und Einkommen vor allem der sozial Benachteiligten bestimmen. Zum Schluss können externe Faktoren wie Klima, Naturkatastrophen und Kriege genannt werden (Heidhues 200:1-2). Weiterhin wird die Hungerproblematik verschärft durch den Klimawandel. Im weltweiten Durchschnitt stieg die Temperatur um 3°C, wodurch das Potential der Produktivität deutlich eingeschränkt wird und Ökosysteme geschädigt werden (Harmeling 2010: 44). Der Anstieg von CO_2 Emissionen ist seit über einem Jahrhundert bekannt. Dieser beeinflusst aufgrund seiner Auswirkungen auf Temperatur, Niederschlag und somit auch auf die Feuchtigkeit im Boden ebenfalls die Agrargüterproduktion. Beispielsweise variieren Niederschläge häufiger, sodass der Monsun in Indien eventuell ausbleibt bzw. es im Jahr selber öfters zu Regenfällen kommt. Dies wirkt sich jedoch negativ auf die Landwirtschaft aus, da diese stark abhängig von den regelmäßig wiederkehrenden Niederschlägen ist (Smil 2000:91). Außerdem wurde durch diese Einflüsse die Verfügbarkeit und Qualität von Wasser verändert (Weltbank 2010: 147).

3.3 Zusammenfassung und Entwicklung der Ernährungskrise

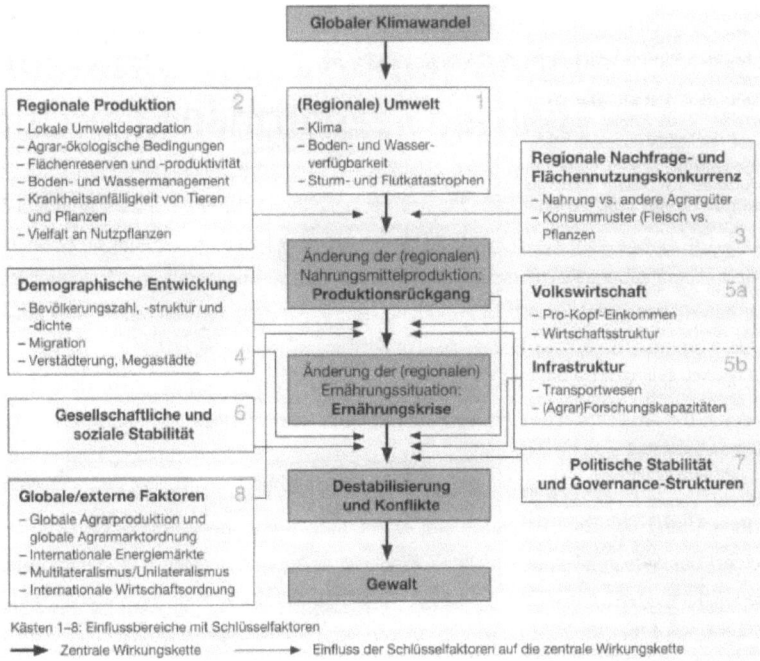

Abbildung 1: Schlüsselfaktoren der Welternährungslage   *Quelle: Harmeling (2010:44)*

Das dargestellte Schaubild (Abb.1) zeigt noch einmal im Detail alle so genannten Schlüsselfaktoren, die die Welternährungslage beeinflussen. Hierbei steht der Klimawandel im Vordergrund, welcher auf die regionale Umwelt einwirkt (Klima, Sturm- und Flutkatastrophen, Boden- und Wasserverfügbarkeit). Zusammen mit der regionalen Produktion und der regionalen Nachfrage- und Flächennutzungskonkurrenz bewirken diese einen regionalen Produktionsrückgang. Durch das Bevölkerungswachstum, globale Faktoren wie die globale Agrarmarktordnung und Veränderungen der Volkswirtschaft entsteht eine Ernährungskrise. Zum Beispiel steigen die Ansprüche bei einer Erhöhung des Pro-Kopf-Einkommens. Es kommt zu erhöhten Verzehr von Fleisch, wodurch Ackerland verloren geht, da dieses nun für die Vieh-

6

haltung benötigt wird. Gesellschaftliche, soziale und politische Stabilität werden zerstört. Es entstehen Konflikte, die häufig in Gewalt münden. Hauptrisikogebiete sind das südliche Afrika und Asien. Für Afrika wird bis 2030 ein Rückgang der Maiserträge um 30% prognostiziert. Für Asien wird der Verlust von Weizen-, Raps- und Reiserträge auf 75% geschätzt, wodurch jeweils politische Krisen erwartet werden. Insgesamt steht bis 2030 ein Rückgang der wichtigsten Nahrungspflanzen der von Armut betroffenen Gruppen bevor (Harmeling 2010:44).

3.4 Auswirkungen auf den Menschen

Prinzipiell muss ein Mensch erstmal in der Lage sein Nahrung „physiologisch" aufnehmen zu können, um gesund zu bleiben (Harmeling 2010:42). Durch mangelnde Versorgung leidet jedoch jeder Siebte an Hunger und Mangelernährung. Dies ist eine größere gesundheitliche Bedrohung als Aids, Malaria und Tuberkulose zusammengefasst (Gertel 2010:4). Hunger kann synonym für Armut und Not verwendet werden. Es handelt sich jedoch um keine feste Größe, sondern ist das Resultat eines zeitlichen Ablaufes, der letztendlich zum Tode durch Verhungern führt. Der Mensch befindet sich bei anhaltender Unterernährung in einem Teufelskreis. Der Körper wird zunehmend durch die negative Bilanz von Zufuhr und Bedarf geschwächt. Unmittelbare Folgeerscheinungen sind weniger Arbeitskraft und Ausdauer, sowie eine erhöhte Unfallgefahr durch Übermüdung. Auf einen längeren Zeitraum gesehen, nehmen die Körpermaße ab und beispielsweise Arbeitsgeräte sind nicht mehr angepasst. Des Weiteren verlangsamt das Lernen und die Arbeitsmoral verschlechtert sich. Hinzu kommt, dass durch die ärmlichen Verhältnisse kaum sanitäre Einrichtungen vorhanden sind und der Mensch in unhygienischen Verhältnissen lebt. Dies begünstigt längerfristig gesehen die Gefahr sich mit Krankheiten zu infizieren, denen der Körper nicht mehr gewachsen ist. Besonders Kinder sind von der „Protein-Energy-Malnutrition"(PEM) betroffen. Diese sind so geschwächt, dass sie häufig an einfachen Kindererkrankungen sterben wie Durchfallerkrankungen, Erkältungen oder Masern. So liegt der größte Anteil der Todesfälle von 40% in Entwicklungsländern bei Kindern unter fünf Jahren. Vergleichsweise in Deutschland sind über 80% der Todesfälle Menschen, die älter als 65Jahre sind. Durch unterschiedliche Kriterien kann die Zahl der Unternährten unterschiedlich gebildet werden, doch ändert dies nichts an der momentanen Situation (Oltersdorf 1992:76). Diese ist dringend verbesserungswürdig. Im folgenden Kapitel sollen nun Lösungsansätze dargestellt und diskutiert werden.

4 Ernährungssicherung – überhaupt möglich?

4.1 Vorrausetzungen und neue Anforderungen zur Problemlösung

Laut der FAO (2002) entspricht Ernährungssicherheit einem Zustand, indem alle Menschen zu jeder Zeit „physischen und ökonomischen Zugang zu ausreichender, hygienisch einwandfreier und nährstoffreicher Nahrung haben, um Bedürfnisse für ein aktives und gesundes Leben zu erfüllen"(in Harmeling 2010:42).

Generell notwendig hierfür ist dabei die Erhöhung der Produktion. Dies kann auf zwei Wegen geschehen, zum einen durch die Ausweitung der Agrarflächen, zum anderen durch die Steigerung der Hektarerträge. Flächen können vor allem in Afrika, Asien und Südamerika für die Landwirtschaft neu erschlossen werden. In Europa und Nordamerika schrumpfen diese Flächen. Jedoch ist dies kritisch zu hinterfragen. Schließlich sind Flächen vorhanden, allerdings müssen andere Nutzungen wie Forst zerstört werden. Ebenso werden für die Agrarwirtschaft geeignete Flächen bereits genutzt, sodass nur sensible Standorte oder Standorte mit mangelnder Eignung neu verwendet werden können. Dies spricht für die Erhöhung der Hektarerträge. Für die Zukunft wird geschätzt, dass 90% der Produktionssteigerung durch diese Erhöhung erfolgt und lediglich 10% durch Flächenausweitung (Klohn/Voth 2010:101-2). Dies kann zum Beispiel durch Vermeidung von Ertragseinbußen geschehen. Durch die Verwendung von Pflanzenschutzmitteln konnten 30-40% der Ernteverluste pro Jahr weltweit verhindert werden. Außerdem werden verbesserte Sorten entwickelt; die beispielsweise einen höheren Nährwert besitzen. So sollte in den nächsten Jahren versucht werden hochwertige Nahrung in ausreichenden Mengen anzubauen (Bayer Crop Science 2010). Das Diagramm (Abb.2) zeigt die globalen Erträge in Kilogramm pro Hektar von Mais, Weizen, Soja, Hirse, Hafer und Gerste. Diese wären erzielt worden, insofern sie nicht durch Faktoren wie Kälte, Dürren, Hitze oder Verdrängung durch Unkraut oder Schadinsekten zerstört worden wären. Dies hat zur Folge, dass nur ein geringer, eigentlicher Ertrag erzielt werden kann.

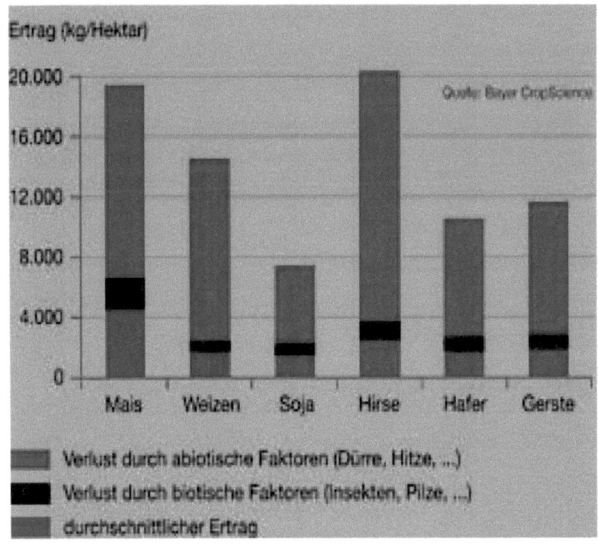

Abbildung 2: Ernteausfälle durch abiotische und biotische Faktoren   *Quelle: Bayer Crop Science (2010)*

In Entwicklungsländern gibt es jedoch eine Vielzahl von Problemen in der Landwirtschaft. Viele Böden sind wegen einer nicht standortangepassten Nutzung ausgelaugt. Häufig fehlt es an elementaren Produktionsmitteln wie Saatgut, Dünger und Maschinen für eine produktive Bewirtschaftung. Besitz- und Eigentumsverhältnisse sind ungleichmäßig verteilt, ebenso eine ausreichende Ausbildung der Bauern. Hinzu kommt eine schlecht ausgebildete Infrastruktur. Diese beeinträchtigt nicht nur die leistungsfähige Arbeit, sondern ebenfalls die Verteilung und Erreichbarkeit von Nahrungsmitteln. Des Weiteren spielen externe Faktoren wie fehlender Regen oder (Bürger-)Kriege eine Rolle (BML 1996:16).

Letztendlich muss die Produktivität weltweit mindestens verdoppelt werden, um mit dem Bevölkerungswachstum Schritt halten zu können. Es darf hierbei aber nicht vergessen werden, nachhaltig zu arbeiten. Das beinhaltet eine kooperative und umweltfreundliche Arbeitsweise, um Schäden möglichst gering zu halten, zum Beispiel durch Regulierungen von neuen Verfahren. „Wasser, Land, Wälder, Fischerei und Biodiversität müssen" dementsprechend „effizienter bewirtschaftet werden" (Weltbank 2010:147). Denn nur so können heutige Ansprüche der Bevölkerung erfüllt werden, ohne weitere Nachfragen der folgenden Generationen zu vernachlässigen (Klohn/ Voth 2010:114). Wie an diese Probleme herangetreten werden kann, soll im nächsten Abschnitt aufgezeigt werden.

4.2 Die Frage der Nahrungs- und Ernährungshilfe

Für das Problem des Welthungers gibt es kein Patentrezept. Schließlich herrschen in den unterschiedlichen Regionen der Erde verschiedene Verhältnisse, sodass auf diese spezifisch eingegangen werden muss. Jedoch sollte nicht nur der ländliche Raum in Entwicklungsländern gefördert und die landwirtschaftliche Produktion entwickelt werden (BML 1996:18-19). Insgesamt müssen allgemeine Vorbedingungen im Sinne der Nachhaltigkeit erfüllt werden. Diese werden aber häufig nicht realisiert. Dazu zählen die Förderung einer makroökonomischen Politik und Entwicklungsstrategien, damit eine funktionsfähige Wirtschaft und beschäftigungsintensives Wachstum im Rahmen von Handels-, Vorrats- und Nahrungsmittelhilfe ermöglicht werden. Ebenfalls gehört die Entstehung von Programmen und Politiken dazu, die durch Agrarreformen auf nationaler und internationaler Ebene die Produktivität erhöhen. Auf nationaler Ebene und den jeweiligen Ländern angepasst, soll Armut durch nachhaltige Nahrungs- und Ernährungsprogramme gelindert werden. Dies kann durch die Aufklärung und Schulung der Bevölkerung, bezogen auf Ernährung und Gesundheit, geschehen. Industrieländer stehen in der Pflicht, Ziele zur Bekämpfung klar zu formulieren. Dies soll das Bevölkerungswachstum eindämmen. Außerdem sollen sie das beschäftigungsintensive Wachstum insbesondere in der Landwirtschaft und der Armen fördern. Hungersnöten könnte entgegen gewirkt werden, indem politische Konflikte nicht bewaffnet ausgetragen werden. Hinzu kommt, dass sie die Gemeinschaft oder die Haushalte in Entwicklungsländern unterstützen sollen sich selbst zu helfen, durch Erziehung der Frauen. Die Kosten werden hierbei als relativ gesehen. Es sollte vielmehr der Nutzen im Vordergrund stehen. Generell müssen alle Ebenen zusammenarbeiten. Dies betrifft die nationale und internationale Ebene, sowie Ministerien und Nichtregierungsorganisationen, damit notwendige Strategien entwickelt und aufeinander abgestimmt werden. Es muss aber jedem bewusst sein, dass die Ernährungssicherung immer von den Nahrungsmittelerzeugern im privaten Sektor abhängig ist (BMELF 1997:41-42).

Verschiedene Aktionen wurden bereits beispielsweise von den Vereinten Nationen unternommen. Diese dienten überwiegend aber der Nahrungssicherung. Das bedeutet, dass vor allem in Zeiten von Krisen Menschen mit Nahrung versorgt wurden, aber ohne ihnen Unterstützung anzubieten grundlegende Probleme zu bekämpfen. Es ist unumstritten, dass Nahrungshilfe überlebenswichtig ist. Aber dabei werden nur die Grundbedürfnisse an Nahrung und Wasser gestillt. Andere Grundbedürfnisse wie Kleidung, Hygieneartikel und Medikamente, sowie langfristig gesehen die Bereitstellung von Saatgut und Maschinen müssen ebenfalls gedeckt werden. Als Ziel muss die Selbstversorgung oder die Stärkung des ländlichen Raumes angestrebt werden. Hungernde sollen nicht nur versorgt, sondern unterstützt und in die Gesellschaft eingegliedert werden. An diesen Punkten setzt die Ernährungssicherung an (Abb.3). Trotz der starken Abhängigkeit der Rentabilität von Klima schützenden Maßnahmen für Bauern müssen landwirtschaftlich und klimatisch nachhaltige Produktionsweisen im Focus stehen, die mit der Ernährungssicherung im Einklang sind (Meier 2010:34-39). Ein Beispiel für einen solchen Lösungsansatz ist die Grüne Revolution.

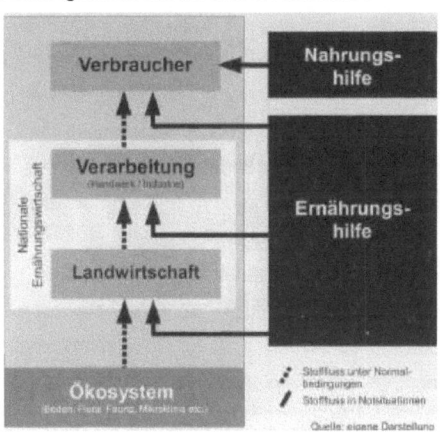

Abbildung 3: Unterschiedlichen Ansätze Nahrungs- und Ernährungshilfe   *Quelle: Meier (2010:38)*

4.3 Die Grüne Revolution – Chance oder Sackgasse?

Die Grüne Revolution setzte in den 1960er ein. Sie beinhaltet die Züchtung von hochertragsreichen Hybriden, um mehr Leistungsfähigkeit zu erreichen (Gravert et al.1996:51). Vor allem Getreidearten wie Mais, Reis und Weizen wurde speziell gezüchtet, weil diese Sorten 75% der menschlichen Ernährung decken. Wird beispielsweise Weizen betrachtet, so kann festgestellt werden, dass neue Weizensorten eine kürzere Wachstumsphase haben. Außerdem sind sie nicht mehr abhängig von der Tageslänge und sind Kunstdünger resistenter (Buringh 1984:27). Dies ist natürlich durchaus positiv. Doch aufgrund des hohen Düngemitteleinsatzes, der Anwendung von Pflanzenschutzmitteln und des hohen Wasserverbrauchs, für eine ausreichende Bewässerung, wird Kritik laut. Grundsätzlich wird die Grüne Revolution als positiv betrachtet (Gravert et al.1996:54). Die Grüne Revolution wird gerne als „globale technologische Errungenschaft angesehen, deren Auswirkungen bis in die heutigen Tage spürbar sind"(BMELF 1997:43). Wissenschaft und Technologie stehen dabei im Vordergrund. Durch Investitionen in Infrastruktur und Forschungsprogramme kann also die Nahrungsmittelproduktion und die Produktivität intensiviert werden (BMELF 1997:43) In Asien war dies auch durchaus erfolgreich. In Afrika blieb der Erfolg meist wegen einer unzureichenden Infrastruktur aus (Gravert et al.1996:54). Soziale, ökologische und ökonomische Faktoren spielen also eine zentrale Rolle. Für Kleinbauern in Entwicklungsländern stellte sich die Grüne Revolution beispielsweise ebenfalls als negativ heraus. Sie verfügen nicht über das Kapital, um nötige Anschaffungen, wie entsprechendes Saatgut oder Düngemittel zu tätigen. Teilweise verloren arme Pächter ihr Land an Großbauern. Diese sind finanziell in der Lage Produktionsmittel zu erwerben und somit konnten sie ihre Anbaufläche vergrößern (Buringh 1984:27).

An dem zweitbevölkerungsreichsten Land der Welt lassen sich die Konflikte gut nachvollziehen. Indien hat 1,027Millarden Einwohner und ist größten Teils landwirtschaftlich geprägt. Die Landwirtschaft macht ein Fünftel des Bruttoinlandproduktes aus (Dittrich 2010:13). Es steht außer Frage, dass sich die Ernährungslage Indiens ohne die Ertragssteigerung durch die Grüne Revolution wegen des starken Bevölkerungswachstums dramatisiert hätte. Doch durch die Erneuerung blieben Hungersnöte zum größten Teil aus. Dies ist der immensen Getreideproduktion zu verdanken. Wie dargstellt in Abbildung 4 verlief der Anstieg seit 1950 rasant. So stieg die Verfügbarkeit von Nahrungsgetreide von 395g pro Tag und pro Person auf 500g in den 1990er Jahren. Dementsprechend erhöhten sich die Hektarerträge von 664kg in 1950 auf 2500kg in den 1990er Jahren. So konnten mehr Nahrungsmittelvorräte angelegt und Armutsgruppen besser versorgt werden. Seit den 1990er Jahren wird allerdings darüber diskutiert, ob die Grüne Revolution an ihre Grenzen gekommen ist oder diese überschritten hat. Wie Abbildung 4 zeigt, ist seit dieser Zeit kaum Ertragszuwachs zu erkennen oder er wurde durch immer höheren Verbrauch von Dünger und Pestiziden verursacht. Dies ist aus ökologischer Sicht wiederum fraglich. Hinzu kommen soziale Probleme, hervorgerufen durch den großen Verbrauch von Wasser. Armutsgruppen, die in Städten leben, verfügen kaum über Wasser. Im Vergleich haben eine Million Slumbewohner weniger Wasser als 17 Fünf-Sterne Hotels in Neu Delhi. Es wird davon ausgegangen, dass Wasser einen neuen Konfliktherd bilden wird (Bohle 1999:111-112).

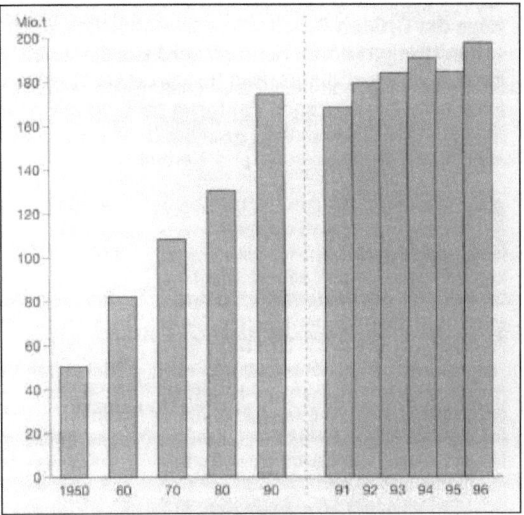

Abbildung 4: Entwicklung der Getreideproduktion in Indien   *Quelle: Bohle (1999:112)*

In den Küstenregionen Indiens, sowie in den Binnenebenen wird heute eher von einer Grünen Involution, also Rückentwicklung, gesprochen, da die agrarische Entwicklung stagniert oder schrumpft. Nach Bohle (1999:117) „ist die Grüne Revolution definitiv an ihre Grenzen gestoßen." So sind heute noch 240Millionen von Unterernährung betroffen und die Zahl der Hungernden ist immer noch stark abhängig von der Lage des Wohnortes. Beispielsweise sind 70% der ländlichen Bevölkerung von Hunger bedroht, jedoch nur 40% in Städten (Dittrich 2010:14-15). Heutzutage wird eine „Zweite Grüne Revolution" angestrebt. Dabei soll die industrielle Agrarwirtschaft intensiver durch Bio- und Gentechnologie unterstützt werden (Dittrich 2010:17).

Wiederkehrend zur allgemeinen Situation ist festzuhalten, dass die Grüne Revolution die Lage teilweise verbessert hat. Die Ernährungssicherung kann aber nicht in allen Entwicklungsländern gewährleistet werden, da die Grüne Revolution in den einzelnen Regionen der Erde unterschiedlich ausfällt. So steigt die Zahl der Hungernden weiter und als Gründe bleiben weiterhin vor allem Armut und Ungleichverteilung des Einkommens zu nennen. Schließlich wurde diese durch die Grüne Revolution nicht bekämpft, sondern eher gefördert (Buringh 1984:28). Prinzipiell ist die Grüne Revolution ein guter Ansatz und sollte weiterentwickelt werden. Denkansätze wären neue politische Reformen. Diese sollen jedem die Möglichkeit geben, Zugang zu Kapital zu haben und Anreiz für Investitionen bieten. Beteiligte sollen stärker miteinbezogen werden. Dies kann durch die Zusammenarbeit internationaler und nationaler Forschungszentren und Beratungsdiensten ermöglicht werden. Generell müssen neue

Lösungsansätze gefunden werden, um das Wohlbefinden jedes Menschen zu gewährleisten. Dies berücksichtigt, schulische und berufliche Bildung, Investitionen für die Landwirtschaft, die Erweiterung der Tätigkeitsfelder im ländlichen Raum, sowie den Ausbau der Infrastruktur, damit niemand mehr benachteiligt ist (BMELF 1997:43-44). Im konkreten Bezug zu Indien bedeutet dies, dass Landwirtschaft naturnah, emissionsarm und resourcenschonend betrieben werden muss, Mindestlöhne eingeführt werden sollen, damit jede den Grundbedarf an Nahrung decken kann, sowie die Steigerung und Verbreitung von öffentlichen Unterstützungsprogrammen, Verbraucherschutz und Ernährungsberatung (Dittrich 2010:18).

5 Zusammenfassung und Ausblick

Allem Anschein nach hat sich die Welternährungslage trotz einer Vielzahl von Versuchen nicht gebessert. Das Millenniumsentwicklungsziel von 2000, das 189 Nationen dazu verpflichtet hat, Armut und Hunger anzufechten, wurde nicht erreicht. Darin hieß es, dass bis 2015 die Zahl der chronisch Unterernährten um die Hälfte reduziert werden sollte. Das Gegenteil ist eingetreten und die Situation hat sich deutlich verschlechtert. Prognosen für die Zukunft versprechen ebenfalls eine weitere Dramatisierung des Geschehens, weil bis 2050 die Weltbevölkerung noch einmal um 3 Milliarden Menschen ansteigen soll. (Heidhues 2008:1).

Die Frage nach einer Lösung ist schwer zu beantworten, jedoch sollte ersichtlich geworden sein, dass nur eine Kombination aus verschiedenen sozialen, ökologischen und ökonomischen Faktoren Armut lindern und somit Hunger beseitigen kann. Diese Synonyme haben nicht einen „zentralen Schlüsselfaktor" (Rauch 2009:356) zu Grunde liegen, sondern eine Reihe von Gründen. Deswegen kann es kein Patentrezept geben, da diese von Region zu Region, Land zu Land oder Kontinent zu Kontinent variieren. Es muss nach einer „kontextgerechten Lösung"(Rauch 2009:356) gesucht werden, bei denen konkret auf eine Region und seine Menschen zum Beispiel in Form von Schulungen verschiedenster Art eingegangen werden muss. Nur so kann Hilfe erfolgreich sein. Von großem Interesse ist auch, dass die Länder irgendwann unabhängig von dieser Hilfe sind und sich selbstständig versorgen können. Also bitte nicht nur auf Nahrungshilfe setzen, wenngleich diese aber in Notsituationen nicht ausbleiben darf. Die Grüne Revolution war ein guter Ansatz, jedoch in einigen Punkten nicht ausgereift. So gilt es diese Kriterien noch einmal zu überarbeiten und neu zu entwickeln. Generell gesagt, der Teufelskreis von Armut, Hunger und Umweltzerstörung muss aufgebrochen werden, um die Ernährungssicherheit für die Welt zu gewährleisten. Denn Hunger verursacht Umweltzerstörung durch unsachgemäße landwirtschaftliche Produktion, die beispielsweise zur Ressourcenverknappung führen kann. Dies führt wiederum zu Armut und Armut endet letztendlich in Hunger (Heidhues 2008:2). Eins ist aber gewiss, so wie die Welternährungslage momentan ist, kann sie nicht bleiben. Bis dahin bleibt Armut und Hunger die Hauptursache für Tod und Krankheiten.

Literaturverzeichnis

Bayer Crop Science (2010): Produktion hochwertiger und ertragsreicher Nahrungsmittel. < http://www.bayercropscience.com/bcsweb/cropprotection.nsf/id/DE_Produktion_hoch wertiger_und_ertragreicher_Nahrungsmittel > abgerufen am 22.2.2011.

Bohle, H. (1992): Hungerkrisen und Ernährungssicherung. Beiträge geographischer Entwicklungsforschung zur Welternährungsproblematik. In: Geographische Rundschau 44 (2), 78-87.

Bohle, H. (1999): Grenzen der Grünen Revolution in Indien. Wasser als kritischer Faktor in der Agrarentwicklung. In: Geographische Rundschau 51 (3), 111-117.

Bohle, H. (2001): Bevölkerungsentwicklung und Ernährung. Sind die „Grenzen des Wachstums" überschritten? In: Geographische Rundschau 53 (2), 18-24.

Bundesministerium für wirtschaftliche Zusammenarbeit und Entwicklung (BMZ) (1995): Armutsbekämpfung – warum, wozu und vor allem: wie? Bonn: BSI Bernd Späth, Informationspolitik GmbH.

Bundesministerium für Ernährung, Landwirtschaft und Forsten (BMELF) (1997): Nahrung für alle – Welternährungsgipfel 1996, Dokumentation. Bonn: BMELF.

Bundesministerium für Ernährung, Landwirtschaft und Forsten (BML) (1996): Nahrung für alle. Lahr: Druckhaus Kaufmann.

Buringh, P. (1984): Die bisherigen Erfolge und die technischen und betriebswirtschaftlichen Vorraussetzungen der „Grünen Revolution", bzw. der intensiven Landwirtschaft in verschiedenen Ländern. In: Elster, H. (Hrsg.) (1985):Aktuelle Probleme der Welternährungslage. Schriften der Gesellschaft für Verantwortung in der Wissenschaft e.V. No.3. Stuttgart: E. Schweizerbart'sche Verlagsbuchhandlung (Nägele und Obermiller).

Dando, W. (1980): The geography of famine. London: Edward Arnold (Publishers) Ltd.

Dittrich, C. (2010): Nahrungskrise und Ernährungssicherung im Superschwellenland Indien. In: Geographische Rundschau 62 (12), 12-18.

Gans, P. (2008): Globales Bevölkerungswachstum – Trends, Strukturen, regionale Unterschiede. In: Mitteilungen der Geographischen Gesellschaft München. Globalisierung, Bevölkerungswachstum, Ernährungssicherung. (Band 90). München: Geographische Gesellschaft München e.V.

Gertel, J. (2010): Dimension und Dynamik globalisierter Nahrungskrisen. In: Geographische Rundschau 62 (12), 4-11.

Gravert, H./ Léon, J./ Schug, W. (1996): Welternährung – Herausforderung an Pflanzenbau und Tierhaltung. Darmstadt: Wissenschaftliche Buchgesellschaft.

Harmeling S. (2010): Auswirkung des Klimawandels auf die Ernährungssicherheit. In: Geographische Rundschau 62 (12), 42-47.

Heidhues, F. (2008): Welternährung – Ernährungssicherheit bei rasch wachsender Bevölkerung. <
http://www.berlin-   insti-
tut.org/fileadmin/user upload/handbuch texte/pdf Heidhues Welternaehrung.pdf   >
abgerufen am 20.2.2011.

Klohn, W./ Voth, A. (2010): Agrargeographie. In: Haas, H. (Hrsg.) (2010): Geowissen kompakt. Darmstadt: WBG (Wissenschaftliche Buchgesellschaft).

Laux, H. (2004): Bevölkerungsgeographie. In: Schenk, W./ Schliephake, K. (Hrsg.) (2005): Allgemeine Anthropogeographie. Gotha: Klett-Perthes Verlag GmbH.

Meier, T. (2010): Von Nahrungs- zur Ernährungshilfe. Ernährungssicherung in Zeiten zunehmender Nahrungsknappheit. In: Geographische Rundschau 62 (12), 34-40.

Nuscheler, F. (1998): Ausrottung der Armut – eine entwicklungspolitische Donquichotterie? In: Bischöfliches Hilfswerk Misereor e.V. (Hrsg.) (1998) :Armut – ein Sach- und Lesebuch. Ein Misereor Buch. Bad Honnef: Horlemann Verlag.

Oltersdorf, U. (1992): Hunger und Überfluss. Ein Beitrag zur Welternährungslage. In: Geographische Rundschau 44 (2), 74-77.

Rauch, T. (2009): Entwicklungspolitik – Theorien, Strategien, Instrumente. In: Duttmann, R./ Glawion, R./ Popp, H./ Schneider-Silwa, R. (Hrsg.) (2009): Das Geographische Seminar. Braunschweig: Bildungshaus Schulbuchverlage Westermann Schroedel Dieseterweg Schöningh Winklers GmbH.

Smil, V. (2000): Feeding the world. Cambridge: Massachusetts Institute of Technology, The MIT Press.

Taubmann, W. (1999): Bevölkerungsentwicklung und Tragfähigkeit der Erde. In: Taubmann, W. (Hrsg.) (1999): Handbuch des Geographieunterrichts, Band 5: Agrarwirtschaftliche und ländliche Räume. Köln: Aulius Verlag Deubner & Co. KG.

Weltbank (2010): Weltentwicklungsbericht 2010: Entwicklung und Klimawandel. Düsseldorf: Dorste Verlag GmbH.

Bildnachweis des Titelblatts: ohne Titel. < http://de.toonpool.com/cartoons/ohne%20Titel_67965 > abgerufen am 23.2.2011.